VOYAGE

CHEZ LES INDIENS GALIBIS

DE LA GUYANE

VOYAGE

CHEZ LES INDIENS GALIBIS

DE LA GUYANE

PAR M. A. DELTEIL.

Le 2 septembre 1865, je partais de Cayenne sur une goélette qui devait me conduire à Guisanbourg, poste situé à l'embouchure de l'Approuague, un des plus grands fleuves de la Guyane. J'avais pour compagnons de voyage un vieil habitant de Cayenne, habitué aux excursions lointaines dans l'intérieur des grands bois, et un naturaliste polonais, nommé Yelski, qui arrivait tout récemment de France et se proposait de parcourir les forêts de la Guyane pour y faire d'importantes collections. L'objectif de notre voyage était de visiter l'Approuague, de remonter l'Arataye, un de ses affluents, et de pousser jusqu'aux régions habitées par les Indiens-Galibis. C'était un projet caressé depuis longtemps ; j'allais donc pouvoir admirer les splendides merveilles de la végétation des grands bois et étudier d'après nature les mœurs des tribus indiennes qui ne se rencontrent plus que dans l'intérieur de notre possession ; je me faisais une véritable fête de voir de près ces premiers possesseurs du sol, dont l'ardeur belliqueuse avait tenu si souvent en échec les Européens qui s'étaient établis, il y a deux siècles, à Cayenne.

Notre petit navire, poussé par une jolie brise, glisse au milieu des îles verdoyantes parsemées çà et là le long de la côte de l'île de Cayenne, et qui ont reçu les noms d'Ilet-la-Mère, d'Ilet-le-Père, des Deux-Mamelles ; nous doublons ensuite la montagne du Diamant, située à l'embouchure du Mahury, et qui ressemble de loin à une pyramide quadrangulaire tronquée. Puis notre vue ne s'étend plus que sur des savanes noyées, des côtes basses et marécageuses des pays de Kaw, garnies de palétuviers, et qui ne sont habitées que par d'énormes caïmans, des tortues monstrueuses et des boas gigantesques. Ce sont des continents en formation qui s'élèvent d'année en année, à la suite des apports alluvionnaires laissés par les inondations.

A la tombée de la nuit, notre goélette entre dans l'embouchure de l'Approuague, les bords du fleuve se dessinent vaguement au milieu de l'obscurité : pour plus de sûreté, notre patron se décide à jeter l'ancre, afin d'éviter les bancs de vase sur lesquels nous aurions pu nous échouer en continuant notre navigation. — Nous nous arrangeons tous pour passer la nuit sur le pont, après avoir pris en commun un modeste repas, pendant lequel nous élaborons nos plans de campagne et convenons des dispositions à prendre en vue de notre intéressant voyage. — Quelques heures après, nous étions tous plongés dans un profond sommeil, quand Yelski me réveille en sursaut pour me demander la signification de hurlements épouvantables qui semblaient partir de la côte, dont nous étions alors très rapprochés. — Je prêtai un instant l'oreille et je reconnus un charivari, que j'avais déjà entendu plusieurs fois dans les grands bois de la Comté, et qui m'avait alors causé une sensation de frayeur, dont j'ai conservé un souvenir ineffaçable... C'était la chanson nocturne d'un couple de grands *singes rouges* (simia Belzébuth) très communs dans les forêts du continent, et dont le larynx est muni par la nature d'un appareil osseux particulier de la grosseur d'un œuf, destiné à renforcer les sons et à leur donner une ampleur extraordinaire. Quand ces animaux se livrent à leurs mélodieux concerts, il sort de leur gosier des sons effrayants d'une résonnance et d'une puissance inouïes ressemblant à des cris lamentables et à de lugubres plaintes. — Il paraît que c'est surtout dans la saison des amours, au moment de l'accouplement, que ces hideuses bêtes entonnent leurs discordantes mélopées.

Au petit jour, la goélette appareilla de nouveau et nous déposa, dans la matinée, à Guisanbourg, petit endroit assez misérable, qui ne comptait que deux ou trois maisons, une église et des carbets couverts en paille. — Nous reçumes l'hospitalité dans la maison du curé, alors absent. — Comme toutes les parties basses des terres de la Guyane, cette région était couverte d'une végétation d'une énergique beauté qui s'étendait au loin sur tous ces terrains marécageux, où la chaleur et l'humidité, ces deux conditions indispensables de la vie des plantes et des animaux, se trouvaient réunies pour enfanter des prodiges... On y sentait, pour ainsi dire, la vie déborder. Tout était animé : mille oiseaux, aux couleurs brillantes et variées, fendaient l'espace et nous éblouissaient de l'éclat de leur plumage ; — des insectes, aux formes bizarres, bourdonnaient à nos oreilles ; des chants d'oiseaux, des cris étranges, des murmures indéfinissables s'élevaient de tous côtés et nous faisaient pressentir un monde inconnu, un immense champ d'observations intéressantes et de collections pour le naturaliste !... A la vue de toutes ces merveilles, Yelski ému, semblait plongé dans une admiration silencieuse et recueillie. De temps à autre, je l'entendais s'écrier : Que c'est beau ! que c'est beau ! — Jamais, en effet, dans ses rêves, son imagination de voyageur ne lui avait offert des magnificences comparables aux réalités qu'il avait sous les yeux !

Nous passâmes deux jours à nous procurer une grande pirogue indienne et un équipage de noirs habitués à ces navigations difficiles. — Ce temps fut employé à chasser dans les alentours et à recueillir bien des richesses. — L'*Aigrette élégante*, au plumage d'une blancheur immaculée, le *Sasu*, sorte d'oiseau des marécages ressemblant au faisan d'Europe, quelques serpents venimeux, entr'autres, le serpent *grage*, ce trigonocéphale si redoutable, vinrent prendre place dans nos collections. Nous fîmes deux captures qui méritent d'être signalées : d'abord celle d'un animal ressemblant un peu au renard, qu'on appelle à la Guyane *Chien Crabié* et qui passe, au dire des noirs, pour posséder une certaine habileté dans l'art de s'emparer des Crabes dont il est très friand. — Il introduit l'extrémité de sa queue dans le trou de ce crustacé, lequel s'empresse d'y mordre à pleines pinces ; le rusé crabié n'a plus qu'à retirer tout doucement son appendice caudal, en même temps que sa proie qui y reste cramponnée ; et, quand celle-ci est à quelque distance de son trou, il se retourne, brise adroitement d'un coup de dent l'enveloppe résistante de sa victime et se régale ensuite à ses dépens. — Notre seconde prise était quelque chose d'indescriptible par sa laideur et son originalité. — C'est une tortue de vase appelée *Mata-Mata*. Une carapace microscopique, des pattes énormes armées de griffes, un cou long et ridé terminé par une tête aplatie et un nez filiforme, donnent à cet animal un faux air du dragon de la fable. — On dirait un de ces vieux moules des mondes détruits qui, par l'exagération informe de certaines de leurs parties, fait penser à tous ces animaux antédiluviens que la science moderne a su reconstituer avec leurs types particuliers.

Nous eûmes à subir, pendant notre séjour dans ce lieu si plantureux pour le chasseur, les désagréments qui attendent les infortunés voyageurs que leur malheureuse étoile conduit dans les parties marécageuses de la Guyane. — Dès 5 heures du soir, apparaît ce qu'on désigne sous le nom de *la Volée des Moustiques*. — Tout ce qui est vivant devient la proie de ces suceurs de sang, qui ajoutent encore à la douleur de leur piqûre, l'agacement de la charge triomphale qu'ils sonnent à vos oreilles. — D'un revers de main, vous en écrasez une centaine : une seconde après, la même manœuvre produit le même résultat, tant ces insectes désagréables s'acharnent après vous. Les noirs se boucanent et s'aspyhxient à moitié par la fumée pour éviter ces mille dards qui leur transpercent l'épiderme ; quant aux Européens, ils en sont réduits, le soir, à s'ensevelir sous de larges moustiquaires sous lesquels ils mangent et dorment, sans courir le risque d'être à peu près dévorés par ces nuées de moustiques. — Heureusement que, dès le matin, ils s'enfuient vers les bois et ne reparaissent que le soir.

Enfin l'heure du départ a sonné. — Notre pirogue, faite d'un seul tronc d'arbre, est vaste et peut contenir quinze personnes, sans compter des provisions et des bagages de toute espèce. — Notre équipage se composait de dix noirs vigoureux et qui possèdent une grande habitude de ces voyages. Nous prenons place à l'arrière, sous un dôme de feuillage destiné à nous garantir du soleil et nous disons adieu à ces rives hospitalières, mais malheureusement habitées par la fièvre et par les moustiques.

En avant les pagayes !... nous glissons près des rives du fleuve bordées de *mocou-mocou*, sortes de grandes songes (le Caladium giganteum des botanistes) ; nous dépassons la *Jamaïque*, habitation sucrière possédée par la Compagnie aurifère de l'Approuague, et nous nous arrêtons, à midi, pour déjeûner chez un petit propriétaire de notre connaissance, qui nous fait le cordial accueil qu'on est habitué à rencontrer dans toutes ces régions où il ne se trouve ni village ni auberge.

Après une heure de repos, nous repartons jusqu'au soir et quand la nuit fut tout à fait venue, nous n'eûmes d'autre ressource, pour éviter de dormir à la belle étoile, que d'aller vers un lieu éclairé que nous apercevions au loin sur une des rives. — Là, encore, un homme de couleur, établi dans une concession qu'il cultivait à l'aide de quelques travailleurs engagés, nous offrit l'hospitalité dans sa case. La plus grande chambre fut mise à notre disposition. Nous y trouvâmes en fait de meubles des crochets pour pendre nos hamacs ; nous avions hâte de goûter un peu de repos après cette première journée un peu fatigante ; aussi, chacun s'installa le mieux qu'il pût pour dormir. Mais nous avions compté sans un affreux perroquet au plumage couleur farine, ce qui lui fait donner le nom caractéristique de *meunier,* lequel nous régala toute la nuit d'une musique des plus ennuyeuses. — Cet aimable oiseau voulut, sans doute, profiter de ce qu'il avait sous la main un auditoire d'élite pour nous débiter tout son répertoire et nous donner un échantillon de ses talents qui consistaient à imiter le jappement d'un jeune chien... Plusieurs fois, je fus tenté de me lever pour aller sournoisement lui tordre le cou... mais la reconnaissance que nous devions à notre hôte, pour nous avoir si bien reçus, m'empêcha de mettre ce projet à exécution. Je ne jurerai pas cependant que l'ami Yelski ait eu les mêmes scrupules que moi ; je suis porté à croire, au contraire, qu'il aura profité de l'occasion qui s'offrait à lui, de nous débarrasser d'un oiseau mal appris et de collectionner une espèce rare ; car je me rappelle, depuis, avoir vu chez lui un certain oiseau empaillé qui ressemblait furieusement à celui de notre hôte. — Notez, en passant, que le lendemain matin, il fut impossible de retrouver le perroquet à son perchoir accoutumé.

Après la tasse de café que tout voyageur ne manque pas de boire à son réveil, nous reprîmes nos places dans la pirogue. — Nous avions, ce jour-là, plusieurs *rapides* à traverser... aussi chacun de nous était-il impatient d'arriver en face des obstacles qu'il s'agissait de franchir. Nous avions dépassé depuis la veille la partie du fleuve aux berges vaseuses ; nos regards se reposaient maintenant sur deux rives verdoyantes, bordées d'arbres immenses, du sommet desquels tombaient, au-dessus de nos têtes, des lianes aux mille festons capricieux. — De temps en temps, un oiseau qui se rencontre toujours dans le haut des rivières et qui semble avoir pour mission d'accompagner les voyageurs, lançait au milieu du calme silencieux de cette belle nature, cinq ou six notes argentines dont la dernière, plus triste et plus traînante, ressemblait à une douce plainte !... Puis nos pagayeurs, pour s'exciter mutuellement et se donner de nouvelles forces, entonnaient des chants dont l'harmonie se mariait admirablement avec tous les objets qui nous environnaient. — Un d'eux modulait, sur un ton aigu, quelques phrases ; puis la bande reprenait le motif en chœur d'une voix grave et avec un ensemble d'une justesse remarquable.

Vers midi, nous étions vis-à-vis le *Saut de Tourépé*. — A partir de cet endroit, les navires du plus faible tonnage sont obligés de s'arrêter devant cette barrière de roches qui empêche le fleuve d'être navigable plus loin si ce n'est pour les pirogues... et au prix de quels efforts et de quels dangers ! Ce premier rapide est assez court à traverser ; mais c'est aussi le plus périlleux. — On cite beaucoup d'accidents, de canots renversés, de personnes noyées !... — Ce n'est donc pas sans une certaine émotion que j'examinais les préparatifs de nos hommes pour le franchir. — Ils se mirent complètement nus, de façon à être prêts à sauter à l'eau si la pirogue venait, par hasard, à être engagée. — Nous avançâmes ensuite à petits coups de pagayes jusqu'à la passe qui avait été reconnue la plus praticable... puis, au signal du patron, les noirs enfoncèrent vigoureusement leurs pagayes dans l'eau et nous enlevèrent presqu'au sommet du rapide... mais l'effort n'était pas suffisant, et le courant nous entraîna en arrière avec la rapidité d'une flèche. Deux fois la même épreuve fut recommencée sans aucun résultat ; nous prîmes alors la résolution d'attendre que la marée fût tout à fait haute pour avoir un courant moins fort et nous fîmes halte sous le grand bois qui nous offrait un abri protecteur contre les rayons du soleil. — Comme notre naturaliste savait bien mettre à profit tous ces moments de relâche ! — Armé de son fusil et d'un sac à papillons, il s'éloignait quelque peu de nous, attrapant un insecte par ci, un serpent par là, tuant un oiseau, recueillant quelque plante rare. — Puis, pendant que nous étions bien confortablement installés dans notre canot, il retirait une à une toutes ses richesses de son sac, préparait ses pièces, les étiquetait et nous donnait sur chacune d'elles des indications pleines d'intérêt. — Il faisait, par son intrépidité, l'admiration des noirs qui, le voyant gratter tous les troncs d'arbres, tous les trous qu'il rencontrait, saisir adroitement les serpents les plus venimeux et éviter les aiguillons des insectes qu'il pourchassait, s'imaginaient qu'il était garanti de tous ces dangers par un *piaï* (un charme) qu'il avait dans ses poches.

Enfin, quand la marée fut étale, nous pûmes venir à bout de franchir le saut qui nous avait arrêtés quelques heures auparavant... — Un peu plus tard nous arrivions devant le *Grand Maparou* qui n'est point à proprement parler un rapide, mais une succession de courants encaissés et resserrés entre des roches sur une étendue de plus d'une lieue. La configuration de cette partie de la rivière est due sans doute à un soulèvement partiel qui a mis à sec le lit sur lequel elle coulait, ne laissant pour l'écoulement des eaux que des espaces étroits et sinueux formant des torrents d'autant plus rapides que les eaux sont plus gênées dans leur parcours... — Notre équipage, soit en poussant de l'épaule ou en tirant à la cordelle, employa toute la soirée à le remonter, — et nous, sautant de roche en roche, nous suivions les efforts pénibles que faisaient nos gens pour nous conduire dans une partie plus navigable.

J'avoue qu'en considérant le tableau que j'avais sous les yeux je ne fus pas sans quelque crainte en pensant qu'il nous faudrait redescendre, plus tard, tous ces courants que nous avions aujourd'hui tant de peine à remonter.

A la nuit tombante, le *Grand Maparou* était passé ! — Nos noirs, suivant leur habitude, poussèrent un hurrah joyeux en jetant je ne sais quelles imprécations à l'ennemi qui les avait épuisés, mais non vaincus dans sa lutte. Nous n'eûmes que le temps de choisir un lieu propre à passer la nuit. On fit bien vite un grand feu pour préparer le repas du soir et éloigner les quelques bêtes que l'odeur de nos mets et de nos personnes aurait pu attirer dans le voisinage... puis chacun s'arrangea pour dormir à la belle étoile dans les hamacs suspendus aux arbres de la forêt. — Nous formions une sorte de petit camp qui, éclairé par notre feu, ne manquait pas d'un certain pittoresque. — Vers trois heures, je me réveillai sous l'impression de la fraîcheur du matin.

Je fus d'abord un certain temps avant de rassembler mes idées ; il faisait tout autour de moi une obscurité très profonde, le feu était complètement éteint... Je confesse qu'à ce moment là, quand je me rappelai que nous étions au milieu des grands bois, sous la seule garde de Dieu, il me revint à l'esprit des histoires de tigres, de serpents et autres bêtes malfaisantes dont ces silencieuses forêts sont hantées. . Il me

sembla alors entendre le froissement de larges pattes sur les feuilles, ou bien je croyais voir des ombres longues et flexibles se balancer au-dessus de ma tête... Ajoutez à cela les horribles hurlements des singes rouges et la voix caverneuse du Crapaud-géant qui venaient encore augmenter la frayeur que je ressentais dans le moment !... Je hasardais quelques hums ! timides dans l'espoir que quelqu'un de mes compagnons se réveillerait et échangerait quelques mots avec moi...
— Mais vain espoir, chacun dormait d'un sommeil de plomb.
— Je pris enfin mon courage à deux mains ; je m'entortillai dans mon hamac et ma couverture, au risque de m'étouffer, en me disant après tout que si un tigre s'avisait de venir flâner de mes côtés, il trouverait au moins un tissu résistant qui me protègerait quelque peu contre ses attaques... — Le lendemain matin, en me réveillant, j'avais oublié mes impressions de la nuit ; mais je me gardai bien de me vanter de mes prouesses.

Cette troisième journée et les autres qui suivirent furent encore employées à faire la pénible navigation dont je vous ai donné tout à l'heure un spécimen. Nous franchîmes successivement les sauts *Petit Maparou, Athanase, Taconnet...* Que de fois nous avons été obligés de débarquer tout notre chargement pour alléger le canot et lui permettre de surmonter plus facilement tous ces barrages ! — Mais que de points de vue ravissants il nous a été donné d'admirer !... Souvent, en sortant d'un étroit encaissement de roches, nous arrivions tout d'un coup dans un lac magnifique, aux eaux calmes et tranquilles. — On eût dit que la baguette d'une fée venait de transfigurer le paysage, tant les effets de changement étaient rapides... Plus loin, c'est une île, verdoyante oasis, qui sépare la rivière en deux et charme un instant nos regards... C'est dans un de ces beaux sites que nous fîmes la rencontre de deux pirogues d'Indiens, qui se laisssaient aller insoucieusement au courant du fleuve. — Dans la première se trouvait un grand gaillard armé de son arc, guettant sans doute, à travers les eaux, un bel *aïmara* pour le transpercer de sa flèche. — L'autre renfermait un Indien et sa femme portant dans ses bras un enfant né de la veille. — Ce pauvre petit être avait encore le cordon ombilical, dans sa longueur naturelle, auquel avait été fait un simple nœud, nos procédés de ligature leur étant sans doute inconnus. — Il tombait un léger grain au moment où notre pirogue les joignit, et le malheureux enfant entièrement nu, comme l'étaient le papa et la maman, n'était garanti de la pluie assez froide qui nous mouillait, que par une feuille de bananier que la mère tenait au-dessus de sa tête, en guise de parapluie.

Ces bons sauvages enchantés de nous avoir rencontrés, sentant bien, du reste, qu'en notre compagnie leur estomac aurait toujours quelque chose à gagner, naviguèrent avec nous de conserve et nous conduisirent pour passer la nuit à un carbet où se trouvait une partie de leur tribu. — En mettant pied à terre, nous vîmes, en effet, une bande d'Indiens des deux sexes occupés à préparer des galettes de cassave. — Au moment de notre arrivée, les femmes, tout entières à la confection de ce mets, qui remplace le pain dans toute la Guyane, nous tournaient le dos... Comme elles ne possédaient pour tout vêtement qu'une mince ficelle passée autour des reins à laquelle était suspendue par devant une petite bande d'étoffe de quelques centimètres de superficie, je vous laisse à penser le tableau qui s'offrit à nos regards... mais ne nous arrêtons pas plus longtemps sur ces détails de toilette. — Tartufe, qui tirait son mouchoir de sa poche pour en couvrir le sein de Rosine, eut eu fort à faire pour voiler toutes les choses qui auraient pu blesser son âme et lui faire venir de coupables pensées. — Quant à nous, au bout de peu de temps, nous étions complètement familiarisés avec tous ces soupçons de costumes, et nous vivions au milieu de ces pauvres gens sans nous apercevoir de leur nudité.

Nous fûmes accueillis par cette tribu avec une joie qu'ils ne se donnèrent pas la peine de dissimuler, et quand ils sentirent s'échapper de nos marmites de délicieuses odeurs, auxquelles leurs narines n'avaient jamais été accoutumées, ils vinrent nous assaillir de leurs demandes, tendant la main sans vergogne pour avoir quelque chose de nos provisions.

Ces Indiens sont toujours ou repus comme des brutes, ou bien affamés comme des loups... Et comme ils sont fort paresseux et que, pour manger, il faut courir les bois à la recherche de quelque gibier, il s'ensuit qu'ils ne négligent aucune occasion de se remplir l'estomac sans se donner la moindre fatigue... Nous leur abandonnâmes les reliefs de notre festin, dont ils furent obligés de se contenter. - Ils avaient, avec eux, cinq ou six maigres chiens qui n'avaient attrapé, pendant tout le temps du repas, que d'énormes coups de pieds et des horions que leurs maîtres leur dispensaient largement en guise de pâtée. — Un vieux proverbe nègre dit : « malheureux comme un chien d'Indien : » nous avons été à même d'en constater la vérité. — Jamais plus tristes hères, aussi maigres et aussi dépenaillés, ne s'offrirent à notre vue. — Ils avaient contemplé avec un air de convoitise les bons morceaux que leurs maîtres se distribuaient entre eux... Ne pas manger quand il n'y a rien à se mettre sous la dent, passe encore !... mais rester spectateurs platoniques du festin auquel tout le monde, et leurs maîtres en particulier, prenaient une si large part, avait fait naître dans la cervelle de ces animaux des idées de vengeance qui furent mises à exécution pendant la nuit. Quand tout le monde fut plongé dans un profond sommeil, ils rongèrent leurs liens de leurs longues dents affamées et se jetèrent sur nos provisions de voyage, dont ils firent un effroyable carnage. —

Cette bombance inusitée dut amener de pénibles indigestions, dont nous reconnûmes, le lendemain, les traces irrécusables. — Mais quels dégâts à notre réveil ! Tous nos paniers éventrés,... nos provisions disparues en partie ! Les coupables avaient prudemment pris la fuite après ces hauts faits ; — nous fûmes donc obligés d'en prendre philosophiquement notre parti, en remerciant le Ciel que tout n'eût pas été dévoré entièrement du même coup !

Après avoir passé le saut *Aïcaupaye*, un des plus rudes à traverser, nous quittons bientôt l'*Approuague*, où nous avions navigué jusqu'ici pour entrer dans l'*Arataye*, un de ses affluents. — Les deux rives, excessivement rapprochées, permettent aux sommets des grands arbres de se réunir en formant au-dessus de nos têtes d'immenses dômes de verdure. — A chaque instant les Indiens, que nous avons avec nous, nous signalent dans le bois quelque bruit léger inappréciable pour nos oreilles, et qui, pour eux, est l'indice du passage d'un gibier que nos noirs, dans leur langue imagée, appellent un *gros viande*. Enfin, nous franchissons encore le grand et le *petit Japini,* sauts excessivement dangereux, et qui sont de véritables chutes, et nous arrivons au but de notre voyage.

J'ai pu, pendant le temps de mon séjour parmi les Indiens, prendre une idée des mœurs et du caractère des peuplades sauvages qui nous entouraient et qui portent plus spécialement le nom de Galibis. — Grands, bien faits, les hommes par leur nez épaté, l'obliquité de leurs yeux, les quelques poils rares existant à leur lèvre supérieure, semblent se rapprocher beaucoup du type mongol. Leur peau est couleur brique ; ils la rendent d'un rouge foncé en l'enduisant de *rocou,* plante tinctoriale poussant spontanément à la Guyane. — Ils sont complètement nus, sauf une petite bande d'étoffe de quelques doigts de largeur, à l'aide de laquelle ils couvrent leurs parties sexuelles. — Leurs cheveux raides et noirs leur tombent jusqu'au-dessous des épaules : ils les coupent carrés au-dessus du front de façon à dégager entièrement leur figure. — En dehors de la petite bande de toile dont j'ai parlé, ils ajoutent quelques ornements, tels que ceintures de plumes, des couronnes, des colliers faits avec des dents de tigres : mais cela n'a lieu que pour certaines cérémonies religieuses. — Les femmes sont aussi peu vêtues que les hommes, mais en revanche elles sont beaucoup moins belles. — Vouées dès l'âge le plus tendre au rôle d'esclave et de bête de somme, elles offrent à peine, pendant un ou deux ans, cet épanouissement et cette harmonie des formes qui font de la femme, à un moment donné chez tous les peuples et sous toutes les latitudes, l'objet le plus gracieux de la Création. — A partir de la 15me année, les mauvais traitements et les fatigues de la maternité les ont bien vite amenées à une déformation complète, et quand elles arrivent à la vieillesse, il est impossible d'imaginer quelque chose d'aussi hideux que ces mégères, nues, décharnées, les cheveux en désordre, la poitrine ratatinée, objet d'horreur indescriptible.

Il n'existe pas chez eux de mariage à proprement parler. On s'accouple, on se quitte suivant le caprice du moment. — Un Indien prend 3 ou 4 femmes selon sa convenance. — Mais, au rebours de ce qui se passe chez les populations misérables des nations civilisées dont le nombre des enfants est pour ainsi dire en raison directe du dénuement et de la misère, les femmes indiennes ont à peine deux ou trois enfants, et il est rare qu'elles parviennent à en sauver plus d'un. — Des fléaux sans nombre, des causes atmosphériques particulières, les mauvais traitements sont sans doute la cause de cette curieuse infécondité.

Une des particularités les plus remarquables des mœurs

de ces peuples, et qui montre bien le rôle abject de la femme et le despotisme du sauvage, c'est l'étrange habitude qui règne chez eux aussitôt après la naissance d'un nouveau-né. — Le mari suspend son hamac dans son carbet et reste couché pendant neuf jours, tandis que la malheureuse mère, à peine délivrée et toute affaiblie par les souffrances qu'elle vient d'éprouver, est obligée de vaquer aux soins du ménage, de nourrir le maître paresseusement étendu, et de s'occuper du petit être misérable auquel elle a donné le jour.

Ces peuples aimaient autrefois passionnément la guerre, et pendant les premières époques de l'occupation de la Guyane par les Français, ceux-ci ont souvent été forcés de plier devant les attaques des belliqueux Galibis. — Aujourd'hui leur placide visage est loin de dénoter un violent amour pour les combats. — Leur seule occupation est la chasse et la pêche, ce sont leurs plus grandes passions et ils dépensent, pour les satisfaire, des miracles d'adresse, de ruse et de patience. Armés de longs arcs en bois de fer et de flèches terminées par une partie plane et pointue, ils transpercent les poissons qui apparaissent au niveau de l'eau, et souvent c'est en faisant décrire une parabole à la flèche que celle-ci vient rencontrer la proie qu'elle était destinée à arrêter.

Nous profitâmes de notre séjour au milieu de cette tribu indienne pour assister aux chasses et aux pêches qu'ils font journellement dans les bois et dans les rivières qui leur servent, c'est le cas de le dire, de greniers d'abondance. Nous avions souvent entendu parler de l'adresse et des ruses que déploient ces hommes de la nature dans la recherche des proies destinées à leur alimentation. La tête encore remplie des récits de Fenimore Cooper nous étions curieux de juger par nous-mêmes des ruses dont se servent les Indiens de la Guyane dans la poursuite du gibier. — Nous avions tous les éléments sous la main pour satisfaire notre curiosité. —

Nous étions au milieu du grand bois, près de rivières poissonneuses et nous pouvions choisir les meilleurs chasseurs et pêcheurs de la tribu.

Nous partîmes donc un matin, Yelski et moi, pour cette expédition intéressante. — Deux peaux rouges nous accompagnaient et devaient nous initier à la pratique du grand art.

Les grands bois, où nous allions pour la première fois nous aventurer et qui s'étendent à l'infini sur toute la Guyane comme un immense océan de verdure, ne ressemblent nullement à ce que l'idée des forêts européennes éveille naturellement dans l'esprit.

On s'imagine que les forêts de l'Amérique méridionale sont constituées par un fouillis inextricable d'arbres et de lianes qui en rendent l'accès impénétrable. Pas du tout ! Une fois qu'on a traversé l'épaisse muraille végétale qui borde les rives des fleuves ou des rivières, on pénètre aussitôt sous un dôme de verdure très élevé, où les arbres d'une hauteur étonnante sont assez espacés les uns des autres pour permettre facilement la marche. Comme le soleil ne pénètre jamais jusqu'au sol et qu'il règne constamment dans ces épaisses forêts une obscurité assez profonde, l'herbe et les petits arbustes ne peuvent y pousser. Le silence n'y est presque jamais troublé par le cri d'un oiseau ou le pas d'un animal. Tout y est triste, tout y est morne, on se sent écrasé et perdu au milieu de cette nature qui n'est animée qu'au-dessus des hautes frondaisons baignées par un soleil éblouissant. Le voyageur qui parcourt ces sombres forêts a besoin d'un guide ou de la boussole pour s'orienter. Comme chaque arbre se ressemble et qu'on n'a aucun horizon devant soi, on perd facilement toute notion de distance et de direction. — On cite des cas nombreux de voyageurs qui, égarés dans les grands bois, ont erré huit jours entiers dans le périmètre d'une lieue à peine sans pouvoir retrouver leur route et qu'on a trouvés morts à quelques mètres du lieu où ils voulaient aboutir. Les Indiens traversent les grands bois avec une sûreté et un instinct admirables. Habitués dès l'enfance à y chercher leur subsistance, ils savent se reconnaître au milieu de ce dédale et ne se trompent jamais sur la direction à suivre. Avec de tels guides nous n'avions donc aucune crainte à avoir, et c'est sans aucune appréhension que nous nous lançâmes sur la trace de ces légers coureurs de bois. Tout d'abord nous eûmes la plus grande difficulté à suivre le pas rapide qu'ils avaient pris, sans plus s'occuper de nous que si nous n'existions pas. — Tout à leur passion, l'œil et l'oreille au guet, ils examinaient avec soin les moindres traces, le plus petit indice du passage d'un animal. — Connaissant à fond les mœurs des gibiers qu'ils chassaient, ils savaient d'avance où il fallait se poster pour tirer sûrement la proie qu'ils guettaient. — L'Indien ne s'entend nullement à ces prodiges exécutés par nos chasseurs européens qui roulent à 50 pas, un lièvre à la course ou une perdrix au vol ; ils vont tout simplement et tout traîtreusement attendre l'ennemi et souvent ils l'appellent en contrefaisant le cri de la femelle ; quand l'amoureux plein d'ardeur arrive au rendez-vous dont le signal lui est si familier, il trouve une balle qui l'assassine à bout portant. — Voilà le secret de l'adresse de l'Indien ; il tue sûrement à quelques mètres de distance. — Nous avons vu un gros *maïpouri* (tapir), entendant le cri de sa femelle admirablement imité par nos Indiens, accourir de toute la vitesse de ses jambes au devant de l'embûche derrière laquelle nous étions cachés et trouver la mort presque à longueur de carabine. — Une autre fois, ce sont des *agamis*, des *hoccos*, des *maraïs*, succulents oiseaux de la grosseur de la dinde, de la poule et du faisan, qui viennent se percher en rangs épais sur une seule branche, et que nous abattons en enfilade trois ou quatre au coup de fusil. — Ils étaient accourus eux aussi à l'appel insidieux des chasseurs. — Nous rencontrons chemin faisant, des *macaques*, gambadant au-dessus de notre tête et nous envoyant toutes les grimaces de leur répertoire ; un coup de fusil mit tous ces mauvais farceurs en fuite et un d'eux resta sur le champ de bataille. — Plus loin, nous eûmes la chance d'apercevoir au sommet d'un grand *fromager*, un couple de ces hideux singes rouges qui avaient causé un si fameux cauchemar à mon ami Yelski. — En un clin d'œil il en ajusta un, le coup partit, mais rien ne tomba ; nous plaisantions Yelski sur sa maladresse et nous pensions que ces deux gambadeurs avaient échappé au coup qui leur était destiné, quand nous entendons quelque chose d'énorme qui dégringole en cassant des branches et tombe presque sur la tête de notre naturaliste ; c'était le grand singe qui, quoique frappé mortellement, s'était maintenu les mains crispées à la branche qui le supportait, puis les muscles s'étaient détendus et le corps inerte observant la loi de la chute des corps était tombé du sommet de l'arbre avec une vitesse considérable. — Ces animaux ne sont pas naturellement beaux quand la vie anime leur figure grimaçante et hérissée de poils rouges... mais après cette mort violente, le masque de l'animal avait pris une expression si hideuse que j'en fus presque glacé d'horreur : il me semblait voir le cadavre d'un de mes semblables... Yelski s'arrêta peu aux impressions que je subissais. — Il contemplait, au contraire, avec la joie du collectionneur et du naturaliste ce singe hurleur dont il allait pouvoir dépecer le pelage et étudier la conformation du larynx. — Malgré la pesanteur du singe, il le campa vigoureusement sur ses épaules, enchanté de porter les trophées de sa victoire. — Il est impossible que je vous fasse grâce, pendant que nous y sommes, des quelques autres rencontres que nous fîmes dans cette journée mémorable. — Je sais bien qu'un vieux proverbe a dit :

A beau mentir qui vient de loin... — Mais, guidés par des chasseurs aussi expérimentés que nos Indiens, il ne vous sera pas difficile de croire que nous étions dans de merveilleuses conditions pour apercevoir la plupart des hôtes de ces bois. — En traversant une partie basse et marécageuse, je vis venir à moi une sorte de gros tronc qui se mouvait et glissait sournoisement dans ma direction ; j'avoue que mon premier mouvement fut de faire un bond en arrière en reconnaissant un *boa constrictor*. — Le bruit que je fis arrêta le monstre, qui changea immédiatement de direction : les Indiens rirent de ma frayeur, en me faisant comprendre que cette espèce de serpent n'était pas dangereuse... Je n'ai pas de peine à les croire, surtout à présent que je suis à quelques mille lieues de ces forêts... mais à quelques pas de l'animal il vous vient des réflexions qui vous font naître des idées d'écrasement de membre et de bouillie humaine qui pourraient bien recevoir un commencement d'exécution si, par hasard, le serpent se trouvait à jeun.

Tout en revenant à notre carbet, aussi chargés de gibier que nous pouvions l'être, nous aperçûmes un gros animal tapi auprès d'une fourmilière et en train de faire un délectable déjeuner. — C'était le *Tamanoir* ou *fourmilier* que je n'avais point encore eu l'occasion de voir dans l'exercice de ses importantes fonctions. — Gros comme un porc, la queue volumineuse, le corps couvert d'un poil noir long et rude, les pattes armées d'ongles d'une longueur effrayante, son originalité gît surtout dans la forme de son museau excessivement long et pointu et dans sa langue très effilée et couverte d'un enduit visqueux. — L'animal l'introduit dans les fourmilières qu'il rencontre, et quand il sent que les insectes s'y sont collés en nombre suffisant, il la retire lentement, déguste sa proie et recommence le même manège jusqu'à réplétion complète. — Nous trouvâmes inutile de faire une victime de plus et nous laissâmes ce fin gourmet se régaler tout à son aise de son mets de prédilection. — Nos compagnons nous firent comprendre que le *Tigre* cherchait quelquefois à faire sa proie du fourmilier, mais ce n'est pas toujours à l'avantage du félin; car le fourmilier, attaqué par son ennemi, se couche sur le dos, étend ses bras armés de ses terribles ongles et s'il parvient à saisir le tigre, il le transperce de l'arme dont la nature l'a pourvu et le tigre meurt généralement des suites de cette puissante étreinte.

Un autre animal du même genre, mais d'un aspect tout différent, se montra également à nous, vers la fin de notre chasse, c'est le *Paresseux*, sorte de singe aux mouvements lents et armé d'ongles démesurément longs. — Nous n'eûmes qu'à couper la branche sur laquelle il se tenait embrassé pour l'emporter jusqu'à notre gîte, sans craindre de le voir nous échapper.

Vers la nuit, nous arrivâmes à notre carbet, harassés de fatigues et chargés à couler bas de tous les gibiers que nous avions tués. — On nous servit le soir la macaque que nous avions descendue d'un coup de fusil. — La vue de ce corps rôti, diminutif d'un véritable corps humain, me fit d'abord reculer. Il me semblait que j'allais goûter à un être de mon espèce, cuit à la broche par des hordes sauvages et que je commettais un acte d'anthropophagie ; mais je ne tardai pas à me remettre de cette impression et je mordis à belles dents dans le râble de la bête. — Je ne dirai point que son goût égalait celui du lièvre ; mais enfin c'était très mangeable et un estomac affamé pouvait parfaitement s'en contenter.

Je ne terminerai point ce que j'ai à dire des mœurs des Indiens sans raconter la façon dont ils fabriquent une certaine liqueur enivrante qu'ils ne boivent que dans de grandes circonstances, c'est le *Cachiri*. — Voici la petite scène écœurante à laquelle le hasard me fit assister. — Les hommes et les femmes de la tribu, assis en rond, mâchent quelques bouchées de manioc amer et le crachent avec leur salive dans de grandes sébilles en bois qui se trouvent devant eux.. — Cette opération dure quelques heures. Quand les vases se trouvent remplis, ils sont confiés à la garde de quelques vieilles mégères expérimentées dans l'art de fabriquer ce nectar ; elles ont pour mission de remuer cette bouillie et de laisser le tout fermenter. — Sous l'influence des matières organiques et des principes particuliers au suc salivaire, la substance fermente, se clarifie et le liquide décanté est placé dans de grandes jarres qui passent alors à la ronde et ne cessent de circuler que quand les buveurs sont presque ivres-morts. — Heureusement que ces orgies n'ont lieu que rarement à l'occasion de quelques fêtes religieuses, autrement l'ivresse furieuse que leur procure cette boisson enivrante les abrutirait en peu de temps.... Et l'on vient dire qu'avec notre tabac et notre eau-de-feu, nous avons apporté chez ces races des vices qu'ils ignoraient. Comme si l'humanité, même à son état le plus sauvage, n'avait pas toujours spontanément porté toutes les forces de son obscure intelligence vers la découverte des substances les plus propres à abréger sa vie et à augmenter ses vices.

Après la chasse, la pêche. — Nous avions entendu souvent parler de certaines plantes enivrantes avec lesquelles les Indiens empoisonnent le poisson dans des criques, sans pour cela que celui-ci ait acquis des propriétés qui le rendissent impropre à l'alimentation. — Nous étions curieux de voir comment ils s'y prenaient ; il ne nous fut pas difficile de contenter notre désir. — La veille du jour fixé pour la pêche, deux Indiens partirent pour le bois afin d'aller recueillir une certaine provision de deux végétaux qu'ils ont l'habitude d'employer à cet effet. — D'après ce que je pus voir, très superficiellement, l'une de ces plantes, appelée *Counani*, était une liane appartenant à la famille des Saponées, et l'autre, désignée sous le nom de *Sinapou*, appartenant à celle des Légumineuses. — Ces plantes, coupées en menus morceaux, furent placées dans un mortier en bois avec une certaine proportion de cendres et fortement contusées ; ensuite on mit le tout dans un panier et nous partîmes pour la crique choisie comme devant être le théâtre de nos exploits. — Une des extrémités fut bouchée par un barrage, et tout à fait en avant de la crique, on plongea dans l'eau les paniers renfermant les plantes enivrantes et on agita fortement. — L'eau devint immédiatement laiteuse. Au bout de quelques minutes, les poissons apparurent à la surface le ventre en l'air, les plus gros conservaient encore un peu de vitalité, mais pas assez pour fuir nos filets et nos paniers qui les recueillaient le plus facilement du monde. — Ce procédé a le grand inconvénient de détruire beaucoup de menu frétin ; mais l'Indien, essentiellement nomade et vivant au jour le jour, se met fort peu en peine des résultats déplorables des moyens de destruction qu'il emploie. — Quand une crique est épuisée, il en cherche une autre pour recommencer la même manœuvre.

Une autre pêche plus sérieuse et qui exige une adresse et une ruse plus grandes, c'est celle de l'*aïmara*, un des poissons de rivière les plus gros et les plus délicats qui existent à la Guyane. — A certaines époques de l'année, les grandes criques se dessèchent, et il arrive qu'une prodigieuse quantité de ces aïmaras se trouve emprisonnée dans de petits lacs en miniature où les moyens de subsistance pour ces poissons voraces deviennent excessivement rares. — L'Indien saisit ce moment pour faire sa pêche. — Il fait frétiller au-dessus de l'eau un oiseau mort attaché au bout d'une longue liane flexible ; le poisson, tourmenté par la faim, bondit hors de l'eau pour saisir cette proie inespérée ; mais, pendant qu'il se livre à cet exercice, un autre Indien armé d'un arc le transperce de sa flèche. — On se procure ainsi une grande quantité de ces poissons qui sont immédiatement boucanés et conservés pour les moments de disette.

Puisque je parle de pêche, je ne terminerai pas ce que j'avais à en dire, sans mentionner un poisson curieux que l'on rencontre dans les savanes noyées et même dans des endroits où il n'existe souvent pas une seule goutte d'eau. — C'est l'*aquipa*. — Ce petit poisson voyageur, qui se plaît sur terre et dans les lieux humides, est recouvert d'une cuirasse à anneaux flexibles et articulés, qui le fait ressembler aux preux du moyen-âge tout bardés de fer. — C'est un mets exquis qui sert à faire ces savoureuses pimentades si fort en honneur chez tous les créoles de la Guyane.

Après huit jours passés au milieu des Indiens, il nous fallut songer au retour. — L'infatigable Yelski avait si bien mis à profit notre séjour au milieu de ses sauvages forêts, qu'il avait, pour ainsi dire, un spécimen de chacune des curiosités animées ou inanimées qu'elles renferment et que son flair de naturaliste lui avait fait découvrir. — Toutes les dépouilles des animaux provenant de nos chasses avaient été préparées en vue d'un montage ultérieur. Malgré son grand désir de rester au milieu de ces immenses forêts qui recélaient tant de trésors encore inconnus à la science, il s'arracha à ce lieu de délices et plia bagages avec nous. — Nous emmenâmes une famille d'Indiens curieuse de visiter la ville de Cayenne ; l'un d'eux devait nous servir de patron et nous guider au milieu des passes qu'il nous faudrait choisir pour descendre les rapides que nous avions si difficilement remontés. — En arrivant au *grand Japini*, je fus curieux de savoir comment notre équipage allait s'y prendre pour exécuter cette périlleuse manœuvre. — Et quel fût mon étonnement quand je vis qu'arrivé au point où le courant avait sa plus grande intensité nos noirs, au lieu de se laisser enlever par le courant, se mirent à pagayer avec une vigueur sans pareille, de manière à augmenter pour ainsi dire la vitesse de la pirogue et à lui conserver la direction de l'impulsion initiale. — Cette manœuvre réussit parfaitement, notre pirogue, semblable à un bouchon de liège, bondit au milieu de l'écume et évita toutes les roches qui formaient ce premier barrage. — Le *petit Japini* ne fut pour nous qu'un jeu, — mais ce qui devint plus sérieux, ce furent les sauts *Aïcoupaye* et le *grand* et le *petit Maparou*. — Il fallait le coup d'œil exercé et le sang-froid de l'Indien qui nous guidait pour trouver notre chemin au milieu de ce dédale de roches. On arrivait tout doucement devant l'obstacle et là, après quelques secondes d'examen, notre pilote montrait du doigt la passe qui lui paraissait la plus facile et nous nous lancions aveuglément au milieu des roches qu'il nous indiquait. — Souvent, pendant un quart d'heure, nous roulions comme une épave au milieu de ces torrents sans cesse renaissants produits par l'encaissement des roches. — Une fausse manœuvre va nous faire chavirer... mais deux noirs sont déjà à l'eau ; un coup d'épaule a rétabli l'équilibre et nous voilà partis comme de plus belle jusqu'à ce qu'un nouvel incident nous oblige à renouveler la même manœuvre. — Nous ne mîmes que deux jours à descendre ce courant vertigineux, emportés avec une vitesse quelquefois incalculable, mais aguerris à ce genre d'exercice et ne redoutant, pour ainsi dire, aucun accident avec d'aussi habiles conducteurs. Dans la matinée du second jour, nous venions de quitter le carbet où nous avions passé la nuit, une brume épaisse couvrait encore les eaux que nous traversions, quand notre pilote nous montra du regard un objet qui se mouvait à quelque distance de nous et ressemblait à une grosse tête de cheval. — On reconnut bien vite un *Maipouri* qui prenait ses ébats au milieu de la rivière et regagnait la berge opposée.

Tous nos fusils furent prêts en un clin d'œil, mais l'Indien passa légèrement à l'avant de la pirogue, coula dans sa vieille carabine à un coup un lingot de plomb et visa l'animal à la tête. — Le coup fut si bien dirigé que l'animal atteint près de l'oreille se débattit quelques instants et disparut emporté par le courant — nous n'avions point le temps de rechercher notre proie... elle nous échappa, mais ne fut point perdue pour les Indiens maraudeurs qui fréquentent ces parages.

Enfin le dernier saut de *Tourépée* fut également franchi, et le soir nous couchions au bourg d'Approuague.

Le lendemain, nous pûmes enfin regagner Cayenne sur un bateau d'Indiens Tapouyes, barque de 10 à 20 tonneaux, non pontée, sorte de caisse carrée à l'avant et à l'arrière, qui ne peut naviguer que le long des palétuviers de la côte.

Après notre retour à la ville, nos Indiens devinrent un objet de curiosité pour les citadins qui n'avaient eu jusqu'ici que de rares occasions de contempler ces habitants des grands bois. — Ils avaient pris l'habitude de me suivre partout et de me servir d'escorte. Je ne puis me rappeler, sans en rire encore, l'accoutrement avec lequel ils circulaient fièrement dans les rues de la ville ; j'avais fait cadeau à l'un d'eux d'un paletot blanc déjà mûr. J'avais voulu y joindre une paire de culottes , mais mon Galibi trouvant cette partie de notre costume trop incommode n'avait voulu garder que la redingote, et il fallait voir la tournure grotesque de ce grand diable ainsi fagoté. — Lui, calme et majestueux comme au milieu de ses forêts, passait dédaigneux au milieu des quolibets qu'il ne comprenait pas, semblant défier tous ces moqueurs de porter le costume européen avec un si grand air et une si noble aisance.

Mme ve Camille Mellinet, imp., pl. Riom, 5. — L. Mellinet et Cie, sucrs.